◎ 图说种植业标准化丛书 ◎

总主编：黄国洋　倪治华

LI
QUANCHENG BIAOZHUNHUA
CAOZUO SHOUCE

梨全程标准化
操作手册

主　编：施泽彬　孙　钧

U0287409

浙江科学技术出版社

图书在版编目(CIP)数据

梨全程标准化操作手册/ 施泽彬，孙钧主编. —杭州：浙江科学技术出版社,2014.10

（图说种植业标准化丛书）

ISBN 978-7-5341-6302-9

Ⅰ. ①梨… Ⅱ. ①施… ②孙… Ⅲ. ①梨—果树园艺—标准化—手册 Ⅳ. ①S661.2-65

中国版本图书馆CIP数据核字（2014）第 244002 号

丛 书 名	图说种植业标准化丛书
书 名	梨全程标准化操作手册
主 编	施泽彬 孙 钧

出版发行 浙江科学技术出版社

　　　　　 杭州市体育场路 347 号　邮政编码：310006

　　　　　 办公室电话：0571-85176593

　　　　　 销售部电话：0571-85176040

　　　　　 网　址：www.zkpress.com

　　　　　 E-mail：zkpress@zkpress.com

排 版	杭州大漠照排印刷有限公司
印 刷	浙江新华印刷技术有限公司
经 销	全国各地新华书店

开 本	787×960　1/32	印 张	3
字 数	55 000		
版 次	2014 年 10 月第 1 版		2015 年 6 月第 2 次印刷
书 号	ISBN 978-7-5341-6302-9	定 价	15.00 元

责任编辑 詹　喜　李亚学　　　**责任校对** 赵　艳

责任美编 金　晖　　　　　　　**责任印务** 徐忠雷

序一

种植业生产标准化是推进农业现代化的重要举措，是增强农产品市场竞争力的重要抓手。只有把种植业产前、产中、产后全过程纳入标准化轨道，才能加快种植业生产从粗放经营向集约经营转变，提高种植业科技含量和经营水平，不断完善适应现代农业要求的管理体系和服务体系，实现从农田到餐桌的全程质量控制。近年来，浙江省农业厅以粮食功能区、现代农业园区建设为主平台和主战场，修订和完善了具有浙江特色的现代农业标准体系，开展了省级主导产业全程标准化示范、整建制农业标准化示范创建等工作，大力推进农业标准化促进工程，创新发展了"一个产业标准、一张模式图、一套视频光盘、一本操作手册、一个示范园"等"五个一"的农业标准化推广机制，努力推动传统生产方式的转变，取得了显著的成效，相关工作得到了国家农业部的充分肯定。

实现种植技术标准化，推动主导产业转型升级，除了政府搞好服务外，关键还在于生产主体的科技水平提升。可喜的是，浙江省种植业标准化技术委员会顺应创新发展的时代要求，以助农增收为己任，组织省内众多种植业领域的技术权威和具有丰富实践经验的专家,编写了《图说种植业标准化丛书》。本丛书以图说的形式荟萃了浙江省种植业发展的宝贵实践经验和最新科技成果,辅之以精心的内容编排和新颖的版面设计,突破了以往种植业科普读物的常规模式,使复杂标准流程化,高深技术通俗化,使农民群众看得懂、学得会、用得上、记得牢。本丛书的出版发行无疑将成为农民致富的又一法宝。

感谢农业科技工作者为浙江省农业迈向现代化提供了很好的精神食粮和科技支撑,并希望今后有更多、更好的成果和作品呈现给广大农民朋友。

2014 年 8 月 29 日

序二

农业标准化是现代农业的重要基石。综观国内外农业现代化发展进程，可以发现农业标准化是促进科技成果转化为农业生产力的有效途径，也是提高农产品质量安全、增强农产品市场竞争力、提升农业经济效益、增加农民收入、改变农村面貌的重要手段。近年来，浙江省推行"集成一本生产标准，编制一本操作手册，实施一批关键技术，建立一批管理制度，创建一个追溯平台，打造一个产品品牌"的农业标准化生产实施模式，把标准化示范推广与各类农业项目建设有机结合起来，推动标准化意识不断增强，标准化体系不断完善，标准化生产广泛推行，标准化水平不断提升。

《图说种植业标准化丛书》以种植业各主导产业国家标准、行业标准和省地方标准为依据，根据水稻、茶叶、杨梅、茭白等十大主导产业作物的物候期特点，首次针对性地提出了各主导产业作物的关键技术、良种推荐、肥料使用建议和病虫害防治建议等全程标准化操作技术要点，并以图说的形式进行讲解，可以使农民朋友易学、易懂、易操作。本丛书紧密联系实际，既是实践经验的总结，又是理论发展的提

1

升，对全面推广种植业生产标准化必将起到积极的推动作用。

　　本丛书由浙江省种植业各主导产业众多生产实践经验丰富的专家和技术人员编写而成，融合了近年来浙江省种植业生产的先进实践经验和最新科技成果，图文并茂，便于操作，是实现种植业标准化生产技术从理论指导走向实践应用的重要载体，也是解决农业技术推广"最后一公里"的重要手段，对推动和发展现代标准化农业、提升种植业产品质量和种植业经济效益具有重要的指导作用。

中国工程院院士 陈宗懋

2014 年 9 月 5 日

前言

梨是浙江省的传统水果,生产历史悠久,栽培品种优良,全省各地都有种植,梨产业在浙江省农村经济发展中发挥了重要的作用。全省现有梨园面积2.37万公顷,梨年产量达39万吨。浙江省是南方早熟砂梨的主要产地,由浙江省农业科学院育成的翠冠已成为南方砂梨栽培最主要的品种,翠冠的育成与推广对我国南方梨的生产与发展起到了积极的推动作用。近年来,浙江省梨良种覆盖率有了极大的提高,产业也达到较大的规模,但不同地区、不同果园间的栽培技术水平差距很大,果品质量参差不齐。为了使广大果农更好地了解与掌握梨新品种及新技术、推广标准化生产栽培技术、提高梨生产技术水平、提升浙江省梨鲜果档次,达到促进农业增效、农民增收的目的,特编写此手册。

本手册共6个部分,着重介绍了梨生产管理年历、主要农事管理、品种介绍、主要生产技术、肥料使用建议和病虫害防治技术,内容简明扼要,图文结合,适宜合作社社员、农业企业、家庭农场和生产大户等主体使用。

由于编写水平所限,加之编写时间仓促,书中可能存在不足之处,敬请广大读者批评、指正,以便在修订、再版时加以完善。

编者

2014 年 8 月

目录

梨【全程标准化操作手册】

一、生产管理年历

月份	生产管理要点
1月	确定生产目标,安排生产计划;准备生产记录本;计划密植园的间伐;排灌设施建设与维护;刮树皮;整形修剪;苗木嫁接
2月	刮树皮;整形修剪;喷药设施与机械的保养检查;病虫害防治;苗木嫁接
3月	完成修剪,刮树皮;预防晚霜为害;春季嫁接;中耕除草;疏花蕾,抹芽;人工授粉
4月	预防晚霜危害;春季嫁接;疏花蕾,抹芽;人工授粉;疏果;摘芯控梢;防治黑星病、梨瘿蚊等;套袋准备
5月	疏果;抹芽;摘芯控梢;病虫害防治;果实套袋;施果实膨大肥
6月	疏果;抹芽;果实套袋;新梢管理;防治梨小食心虫等病虫害;土壤及生草管理;施壮果肥
7月	新梢管理;病虫害防治;土壤及生草管理;防台抗旱;冷库检修与消毒;早熟梨果实采收
8月	早、中熟梨果实采收;防台抗旱;病虫害防治;土壤及生草管理;早熟梨施采后肥
9月	中、晚熟梨果实采收;防台抗旱;病虫害防治;晚熟品种施采后肥
10月	采后病虫害防治;土壤及生草管理;准备秋肥
11月	落叶期的树体诊断;土壤管理与施肥;准备冬季修剪
12月	计划密植园的间伐准备;排灌设施的维护;整形修剪;刮树皮

梨树在一年中生命活动随季节变化呈现一定的规律,其不同生长特点与时期称为梨树物候期。物候期按不同的需求可采用不同的划分方法进行细分,为便于生产管理,梨树物候期可分为休眠期,萌芽、开花期,谢花、坐果期,幼果期,果实膨大期,成熟采收期,采后落叶期。

月份	物候期	
11 月下旬至次年 2 月中旬	休眠期	
2 月下旬至 3 月	萌芽、开花期	
4 月	谢花、坐果期	

月份	物候期	
5 月	幼果期	
6 月	果实膨大期	
7～8 月	成熟采收期	
9 月至 11 月中旬	采后落叶期	

梨【全程标准化操作手册】

三、主要农事管理

（一）休眠期

休眠期（11月下旬至次年2月中旬）是指梨树落叶后至次年树液开始流动，即到花芽开始膨大为止的这一段时间。

梨树休眠

主要农事管理

（1）计划密植园的间伐。

（2）排水设施的建设与维护。

（3）老树刮树皮。

（4）整形修剪。

（5）苗木室内嫁接。

（6）剪除枯枝、病虫枝，喷5波美度石硫合剂。

（二）萌芽、开花期

萌芽、开花期（2月下旬至3月）是指梨树开始萌芽、开花的这一段时期。

主要农事管理

（1）中耕除草。

（2）抹芽控梢。抹去树干及较粗枝梢上的直立枝、簇生梢。

（3）疏花(蕾)。根据树势及全树的花量每隔10厘米交叉留1个花序。栽培水平较高的果园可以根据全树的花量进行疏蕾，每一花序留3朵左右。在出蕾期用手指轻轻拍打花蕾上部,折断中部花蕾的花梗即可。

（4）授粉。授粉可采用壁蜂或蜜蜂传粉和人工点授、液体授粉等方法。

梨树萌芽、开花

（5）高接换种。气温回升后,在树液开始流动时即花芽开始膨大时高接换种最佳。品种更新可持续到花期。

（6）使用3～5波美度石硫合剂防治越冬病虫,注意螨类及黑斑病花前防控。

（三）谢花、坐果期

谢花、坐果

谢花、坐果期(4月)是指梨树开始谢花至可以明确果实坐果成功的这一段时期。

主要农事管理

（1）摘芯控梢。抹除多余强梢和过密新梢,所留的强梢摘芯。

（2）疏果。采用3次疏果定量的原则,即第一次按一个花序留一果,第二次按确定留果量的110%留果,第三次修正疏果,疏除朝天果、果柄受伤果及小果。

（3）追施叶面肥。叶面喷施0.2%～0.3%磷酸二氢钾或0.2%～0.3%尿素等叶面肥。施肥时间以早晚或阴天为宜,严格控制喷施浓度以防药害。

（4）重点关注梨茎蜂、蚜虫、梨黑斑病、梨锈病、黑星病等病虫害发生情况,适时开展针对性防控。

幼果期（5月）是指梨树坐果成功后，果实发育不久、果实幼小的这一段时期。

主要农事管理

（1）疏果套袋。继续疏果，全园施药后套袋。

（2）施壮果肥和叶面肥。第一次施中氮高钾复合肥，如施N：P_2O_5：K_2O为15：5：20的配方肥20千克/亩左右。叶面喷施0.2%～0.3%磷酸二氢钾或0.2%～0.3%尿素等叶面肥。施肥时间以早晚或阴天为宜，严格控制喷施浓度以防药害。

（3）疏除过密梢和病虫梢。

（4）重点关注螨类、食心虫、黑星病、梨木虱、梨轮纹病等病虫害发生情况，适时开展针对性防控。

幼果

（五）果实膨大期

果实膨大期（6月）是指梨果实开始迅速膨大的时期。

果实膨大

主要农事管理

（1）继续果实套袋。

（2）施叶面肥和壮果肥。第二次施中氮高钾复合肥，如施N：P_2O_5：K_2O为15：5：20的配方肥30千克/亩左右。叶面肥以喷施0.2%～0.3%磷酸二氢钾为主。

（3）及时剪除受害新梢。

（4）梅雨季节及时清沟排水。

（5）重点关注梨瘿蚊、梨木虱、梨黑斑病、梨轮纹病等病虫害发生情况，适时开展针对性防控。

成熟采收期（7～8月）是指梨果实完成迅速膨大过程进入可食阶段，果实可以采收销售的时期。

主要农事管理

（1）中耕除草与覆盖。

（2）防台抗旱。

（3）分批采收。

（4）施采后肥。施高氮中钾复合肥，如施N∶P_2O_5∶K_2O为22∶8∶10的配方肥25千克/亩左右。叶面喷施0.2%～0.3%磷酸二氢钾或0.2%～0.3%尿素。

（5）重点关注红蜘蛛、梨轮纹病等病虫害发生情况，适时开展针对性防控。

果实成熟

（七）鲜果采后贮运

1. 入库预冷

有条件的可分段预冷，先进入8～10℃冷库预冷，再进入正常低温库贮藏。

2. 贮藏环境

贮藏时控温、保湿、通风换气。一般温度控制在0～4℃，相对湿度在80%以上。

3. 出库和运输

出库前剔除病虫果，质量检测合格后包纸、装箱，粘贴追溯标识。整个过程要求轻搬轻放，避免造成机械伤。

出库和运输

（八）采后落叶期

采后落叶期（9月至11月中旬）是指梨果实完成采收后至全部叶片正常掉落这一段时期。该时期时间跨度很长，品种间差异大，早熟品种长达4个月，晚熟品种为2个月左右。

主要农事管理

（1）施基肥。以有机肥为主，施腐熟有机肥2000千克/亩或商品有机肥800千克/亩，条施或撒施后覆土。

（2）整形修剪。大树于全树落叶后2周开始修剪，在整个休眠期均可进行。修剪时应根据栽培树形进行。目前主要有开心形、平棚架、改良型棚架、双层形等树形。修剪结束后收集剪下的树枝，运出果园集中销毁。

（3）重点关注红蜘蛛、梨轮纹病等病虫害发生情况，适时开展针对性防控。

采后落叶

三、品种介绍

(一) 翠玉

翠玉由浙江省农业科学院园艺研究所育成，原代号为"5-18"，是由西子绿×翠冠杂交选育而成的特早熟、外观美优系，为初夏绿的姊妹系。1995年配置杂交组合，2011年定名并通过浙江省非主要农作物认定委员会认定。该品种成熟早，成熟期比翠冠早7～10天。果实为扁圆形，果皮为纯绿色，无锈斑，套袋后果实呈乳黄色，颜色一致，克服了翠冠果面锈斑多的缺点。平均果重达257克，果肉细嫩，多汁，味甜，在常温和低温下的耐贮性均明显优于翠冠，是砂梨系统中耐贮性较好的品种。花芽极易形成，可保证丰产、

翠玉

稳产。花期比初夏绿晚1~2天,与初夏绿不能互相授粉,可与翠冠、玉冠、清香互为授粉。该品种显著特点是成熟期早、外观美,在大棚设施促成栽培条件下可采用无袋栽培,不仅外观极佳,而且通过水分控制,品质得到提高。

(二) 初夏绿

初夏绿由浙江省农业科学院园艺研究所育成,原代号为"4-20",由西子绿×翠冠选育而成。1995年配置杂交组合,2007年定名,2008年通过浙江省非主要农作物认定委员会认定。该品种生长势强,树姿较直立。叶片大且厚,花芽容易形成,花为完全芽,花粉量大。果实大小较均匀,平均果重250克左右,果实呈圆形或高圆形。果皮为浅绿色,果点较大且在果实上上疏下密分布,萼片脱落,部分果实有棱状,果面果锈

初夏绿

梨【全程标准化操作手册】

少,外观较好。果实肉质松脆,汁液非常丰富,可溶性固形物为10.5%～12.0%,品质较好。套袋果实颜色较一致,套内黑双层袋的果实呈乳白色,果点较明显;套打蜡黄色双层袋的果实呈浅绿色。该品种外观比翠冠有明显改善,在杭州地区7月20日前后成熟,成熟期比翠冠早3～5天。

(三) 翠冠

翠冠由浙江省农业科学院园艺研究所育成,原代号为"8-2",由幸水×(杭青×新世纪)杂交选育而成。1979年选配杂交组合,1999年定名,2000年通过浙江省非主要农作物认定委员会认定。该品种树势强健,树姿较直立,丰产性好。叶片为深绿色,呈长椭圆形,大而肥厚。果实近圆形,整齐一致,果点中大,分布较稀疏。平均果重为250克,大果重为480克。果皮细薄,底色为黄绿色,有锈斑,采用不同套袋技术措

翠冠

施可生产出完全无锈至全锈等一系列皮色的果品。果肉白色,肉质细嫩而松脆,无渣,汁多,味甜,可溶性固形物为11%~12%,果心小,可食率高。杭州地区花期为3月28日至4月6日,成熟期为7月下旬。该品种抗高温能力、综合抗病性等方面皆明显优于日、韩梨品种,是一个早熟、优质、高产、高效的优良品种。

(四) 圆黄

圆黄是韩国引进品种,其母本为早生赤,父本为晚三吉,于1994年育成。该品种树势强健,树姿开张,萌芽率高,成枝力中等,一年生枝条呈黄褐色,叶面向叶背反卷。花芽易形成,花粉量大,既是优良的主栽品种,又是很好的授粉品种。果实为扁圆形,果面光滑平整,果点小而稀,平均果重为250克左右,最大果重可达800克。果肉白色,肉质细,稍紧密,石细胞少,味甜,可溶性固形物含量为12.5%,品质中上。果实于

圆黄

8月中旬成熟,常温下可贮藏1周以上,冷藏可贮藏4个月以上。该品种自然授粉坐果率较高,较丰产。由于不耐高温,在浙江省栽培易引起早期落叶,但由于花芽形成量多,对次年的产量影响不大。

(五) 玉冠

玉冠由浙江省农业科学院园艺研究所育成,原代号为"杂7",于1993年以筑水为母本、黄花为父本杂交选育而成,2007年定名,2008年通过浙江省非主要农作物认定委员会认定。该品种生长势强健,花芽极易形成,长、中、短果枝结果性能均好。果实为长圆形,果萼部突起不明显,果点小,萼片大部分脱落,部分宿存。果皮呈浅褐色,套双层袋后为黄褐色,外观明显优于黄花。果肉白色,肉质细嫩、化渣,味甜,汁多,可溶性固形物含量在12%以上。平均果重在250克以上,

玉冠

大果重超过500克。成熟期比筑水迟15天左右,比黄花早10天左右,与清香的成熟期较接近。

(六) 清香

　　清香由浙江省农业科学院园艺研究所育成,原代号为"7-6",由浙江省农业科学院以新世纪为母本、三花梨为父本杂交选育而成,2005年通过浙江省非主要农作物认定委员会认定。该品种树姿较开张,嫩枝为绿色,茸毛较少,成熟枝呈褐色,芽较大,新梢顶芽突起明显,叶片中大,呈长椭圆形。果实为长圆形,平均果重为280克,大果重为680克。果皮呈褐色,较光滑,果点稀疏。果肉为白色,肉质较紧密,汁多、味甜,可溶性固形物为11%～12%。果心小,可食率高。坐果性能好,丰产性好。杭州地区花期为3月27日至4月5日,成熟期为8月中旬,比黄花早1个星期成熟,是翠冠的良好授粉品种。

清香

（七）黄花

黄花由原浙江农业大学于1962年以黄蜜为母本、三花为父本杂交育成，于1970年暂定名为"黄花"。该品种树势强健，树姿开张，花芽极易形成，当年生徒长枝也易形成花芽，花芽长且顶尖部稍松散，易辨别。新梢嫩叶略带红色，花蕾顶部为粉红色，花量大，成年树丰产性好，抗逆性较强，耐粗放管理。果实为圆锥形，果顶有突起，单果重为250克左右，大果可达900克以上，属大果形品种。果肉为白色，味甜，汁多，可溶性固形物为12%～13%，充分成熟果实品质上等。杭州地区于8月中下旬成熟，属中晚熟品种，较耐贮藏。该品种最显著的特点是抗性强，容易栽培，可获连续丰产，在南方主要砂梨产区均有栽培。

黄花

四、主要生产技术

(一) 园地选择

梨树适应性广,只要有足够的土层深度,在山地、丘陵、河滩地均可栽培。梨标准化生产必须从园地的环境、土壤选择入手,选择优良品种,通过投入品的选择与控制,结合土、肥、水及农艺管理,实现梨果的安全、优质、高效生产。

浙江省梨标准化生产果园目标产量为早熟品种1500千克/亩、中晚熟品种2000千克/亩。产地空气质量、灌溉水质量、土壤环境质量等均应符合NY 5013—2006《无公害食品 林果类产品产地环境条件》的要求;土壤肥沃,有机质含量在1%以上,活土层在50厘米以上,地下水位在1米以下,土壤pH为5.5～7,山区、丘陵种植时坡度应小于20°。栽培品种选择应考虑品种类型、生态环境与栽培条件、市场需求及栽培技术水平。浙江省的主要栽培品种有翠冠、黄花、清香、翠玉、圆黄、玉冠、初夏绿等,各品种成熟期先后次序是翠玉、初夏绿、翠冠、圆黄、玉冠、清香、黄花。栽植密度为(2～4)米(株距)×(4～5)米(行距)。

(二) 嫁接技术

1. 苗木嫁接

嫁接分芽接和枝接两种。冬季主要采用枝接,将接穗直接接到砧木上。通常采用切接法,在休眠期切接可将砧木掘起(起桩接),以提高砧木利用率及功效。起桩接后应将砧穗接合体放在湿沙中沙藏,湿沙厚度以埋没接穗为宜,待愈伤组织生成后可移栽至圃地。种植一般以春节后为宜,以避免冻害,移栽密度为每亩15000~20000株。若不具备沙藏条件的,可将砧穗接合体用塑料薄膜紧密包裹置于周转箱或其他容器中,根据气候条件适时种植于大田。行株距以25厘米×10厘米为宜。

嫁接(接穗插入砧木)

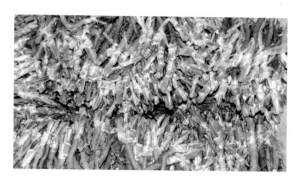

嫁接后绑扎

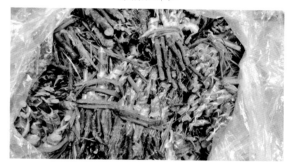

嫁接后保存

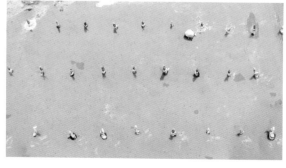

苗木种植密度

2. 高接换种

　　气温回升后树液开始流动时,即花芽开始膨大时为最佳高接换种期。品种更新可持续到花期。主要采用枝接,将接穗直接接到需要更新的品种枝或砧木上。根据不同需要可多头高接,也可只高接主枝。

多头高接

直接嫁接在砧木上

(三) 授粉技术

可采用壁蜂或蜜蜂传粉和人工点授、液体授粉等方法。授粉应在初花期进行,以早为好。授粉树配置合理的梨园在花期时每10亩梨园放2～3箱蜂。

人工授粉的具体方法是选择花粉量多、适宜授粉的品种于花蕾含苞待放时采集花朵,收集花药后用恒温箱或灯泡控制在20～26℃下,使花药开裂、花

最适宜采花粉的花蕾大小

人工点授

粉散出，收集待用。为了节约花粉，授粉前可在花粉里加上松花粉或石松子等稀释。稀释量为花粉量的3～5倍，并拌匀。授粉时，可用软橡皮、毛笔等授粉工具蘸取花粉授于盛开花的柱头上。购自市场的纯花粉可用授粉枪喷粉，也可采用液体授粉。授粉可在开花后5～7天内完成，以早为好。

挂花枝是另一种简易方法，在单一品种的梨园中于花蕾待放或初放时采集可用于授粉的花枝插入泥水罐中，挂于树上，一般一株大树需挂4～5只罐。

（四）疏花、疏果技术

1. 疏花芽

疏花芽是指梨疏花芽、疏花（蕾）、疏果，是"三疏"

疏花芽前　　　　　　　疏花芽后

中最基础、最有效的,它可结合冬季修剪进行,不仅省工、省力,而且可减少营养消耗,以全树花芽、叶芽比保持在1∶1或3∶2为宜。亩产1500千克可每亩保留花芽1.5万只左右,或以一个果台留一个花芽为标准。

2. 疏花(蕾)

梨树一个花芽一般有5～7朵花,疏花(蕾)的原则是每个花序留1～2朵。应在现蕾至花期将多余的花蕾尽早除去,根据树势及全树的花量每隔10厘米交叉留一个花序。栽培水平较高的果园可以根据全树的花量进行疏蕾,每个花序留3朵左右。疏花(蕾)时于出蕾期用手指轻轻拍打花蕾上部,折断中部花蕾的花梗即可。注意不要损伤叶片。如遇长势较弱而花量多的树,可去掉花蕾而保留叶片,以增加叶量,增强树势。

疏花蕾方法

疏花蕾前

疏花蕾后

3. 疏果

在花谢后10～15天开始疏果,先按一个花序留1～2只果的数量疏除多余的果实。疏果时首先疏除病虫果、畸形果、受精不良果和无叶果。同一品种宜留果形较长、果梗长而粗、果面有光泽的幼果。黄花可尽量选留花萼不宿存果。每果台中宜保留第二至四位果。早熟品种疏果宜早不宜迟，早疏果有利于果实的膨大。疏果建议采用3次疏果定量的原则。于花谢后10～15天，每个花序留1～2只果，疏除多余的果实。大果形每25厘米左右留一个果，中果形每20厘米左右留一个果，最后叶果比达到（25～30）：1，平均每株留150个左右（盛果期）。留果量的确定原则是强壮树、健壮枝多留，反之则少留；树冠上部多留；枝角小的多留。总的原则是疏弱留强，疏小留大，疏密留稀，留侧生果。并根据树体大小、树势强弱、果形大小、计划产量等确定留果量。

疏果前

疏果后

梨【全程标准化操作手册】

(五) 套袋技术

套蜡纸小袋

第二次套袋时果实大小

第二次套黄蜡纸袋

套袋与不套袋果实外观的差异

1. 套袋时间

套袋一般在花后20～45天完成,杭州地区于4月下旬至5月上旬进行,最迟不要超过5月下旬。若过早套袋,则易折伤果柄,或袋重致使果柄弯曲,引起落果;若套袋过晚,则果实外观不如早套果光滑且果点小而浅。易产生果锈的品种可进行二次套袋,即谢花后及时疏果,定果后立即套蜡纸小袋,待果实长到直径3厘米以上后套大袋。

2. 纸袋选择

黄褐色果对果袋的要求不高,一般可采用单层黄色袋。黄绿色果对果袋的要求很高,要根据品种特性选择合适的果袋类型。如翠冠以双层袋为好,且以外层为灰色、中间两侧为黑色、内层为灰白色的果袋效果最佳。翠冠绿皮色果可采用二次套袋技术。

3. 套袋方法

套袋前梨树要喷一次杀虫剂、杀菌剂,待果面药剂干燥后即可开始套袋,若喷药后4小时内遇雨则应补喷,面积大的梨园可喷一片套一片。易产生果锈的品种在套袋前最好不用乳剂,宜用粉剂或水剂,以避免果面加重果锈。套袋时要先撑开袋,一手托起袋底,再撑开整个果袋,使梨果置于袋正中,避免果面与纸袋贴住。然后收紧袋口进行固定,防止病虫、药水、雨水等进入。

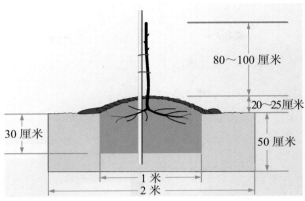

80～100 厘米

20～25 厘米

30 厘米

50 厘米

1 米

2 米

梨树定植、定干（第一年）

苗木二次定干

二次定干后的生长状

棚架搭制(架设中柱拉线)时用规格为5股12号钢绞线,将其一端固定在中柱上,另外一端用接头卡扣固定在干线的所有交叉点上。

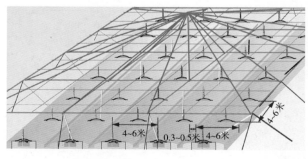

棚架搭制(架设中柱拉线)的方法

利用固定杆对树体进行定位(不同的树形略有不同),冬季短截主枝并在主枝上培养水平结果枝组。

常见的几种结果枝组培养方法有四主枝形和三主枝形。

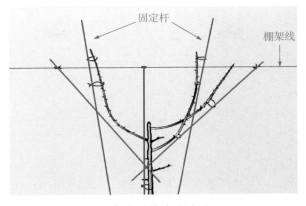

二年生树修剪后树形

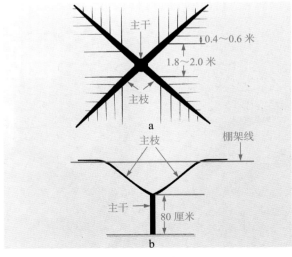

二至三年生树修剪后树形

a. 俯视图 b. 水平视图

棚架栽培的棚架式样与树形

棚架栽培结果枝分布

1. 种植密度

种植密度为(4.5～5)米(行距)×5米(株距),可以进行计划密植,经一次或两次间伐达到上述密度。

2. 种植后当年管理

幼苗种植后于0.8～1.0米处定干为宜。若定干剪口太低,则主枝长至棚面的时间长,而且影响侧枝的培养;若定干剪口太高,则上部枝梢容易超过棚面,引缚时因转弯太急易导致枝梢折断,且会导致树体早衰。剪口下至少要有3颗连续的饱满芽。在苗木高度不够的情况下需进行二次定干。

3. 第二年管理

选2～4个生长量大的生长枝做主枝,用小竹竿以45°基角引缚,根据设计的数量引缚2～4个不同方向,根据延伸方向的需要选上芽或侧芽做剪口芽短截,其余枝作为辅养枝。

4. 第三至四年管理

第三至四年管理着眼于主枝的培育上架。主枝定型后,对主枝延长枝的短截程度逐年加重,即从轻截至重截。上棚面后,主枝水平直线延伸,生长势易转弱,因此延长枝应选先端生长较强的枝条重截,剪口芽宜选生长强的饱满芽或者上芽,用竹竿将延长枝呈45°抬高。如主枝延长部位生长过弱,可在剪口附近选两枝短截,以加强顶部枝段的生长势,第二年再选留强枝作为延长枝。

5. 第五年管理

　　第五年开始培养副主枝,过早培养可能造成副主枝过分粗壮。在主枝一侧选留距主干1米左右且与主枝垂直的生长枝拉开60°左右予以轻截,培养作为第一副主枝。第二年冬季在另一侧距0.8米左右培养第二副主枝。副主枝延长枝的修剪可参照主枝延长枝的修剪方法,逐年由轻转重。副主枝也可从侧枝中选择分枝部位适当、枝组较多、生长势强的侧枝予以培养,回缩或疏除与之竞争的侧枝。

6. 疏花、疏果

　　成龄树留果数按单位面积计算,一般每平方米留10~12个果。疏花、疏果的方法与普通栽培模式相同。

（七）设施栽培技术

大棚内翠玉果实

1. 品种选择

梨设施栽培是高投入、高产出的一种栽培模式，品种选择更重要。梨的品种很多，有各自的特点，有的品种在露地栽培条件下品种特性不能充分发挥，设施栽培后通过雨水隔断或成熟期提前使品种特性得到充分发挥。适宜大棚栽培的品种在选择时不仅要考虑在露地栽培条件下有良好的品种特性，而且通过大棚栽培后可更好地发挥该品种的特点。梨大棚栽培现有两种情况：一种是在原有的梨园基础上建设棚室，进行保护地栽培；另一种是在明确进行设施栽培的情况下新建梨园。在第一种情况下，品种选择的空间比较小。在第二种情况下，可以充分利用已有的研究成果与实践经验选择品种。目前比较适合梨设施栽培的品种有翠玉、翠冠等。

2. 种植方式与密度

根据预选设计好的树形采用不同的栽种密度。如采用"Y"形整形的树形，栽种密度选用3米（行距）×1米（株距）或3米（行距）×1.5米（株距）或3米（行距）×2米（株距），这样每亩栽111～222株；若采用"开心形"整形的树形，栽种密度可采用3米（行距）×3米（株距）或3米（行距）×4米（株距），相当于每亩栽55～74株。在棚室比较宽大的情况下，可将行距扩大至4米，有利于田间管理。

3. 薄膜覆盖时间

梨完成自然休眠的时间在1月前后，此后进行覆盖薄膜促早栽培,萌芽比较整齐,畸形果少。1月中下旬至2月中旬覆盖薄膜,年份间虽有差异,但促成效果相近。

4. 揭膜时间

揭膜时间比覆盖薄膜时间容易把握,进入5月后,一般当露地最低温度达到12～13℃,并参考往年的气象预报,先除去通风部分的薄膜,然后除去边上的薄膜,让树体适应外部的气温,再仔细地喷药后除去顶膜。若采用先促成后避雨模式,则果实采收后即可揭膜。

5. 温度、湿度管理

覆盖后进行近1个月保温以促进开花。萌芽后气温不能超过30℃。发芽后到开花前,相对湿度保持在75%左右,通过通风换气、适当灌水来控制湿度。湿度过高会引起梢尖腐烂、新梢徒长。盛花期湿度要求为60%～70%,果实膨大期相对湿度要求为75%左右,果实成熟期相对湿度要求为60%～65%。高温、高湿会造成裂果、烂果、果柄细长。

及时通风降湿

6. 人工授粉

棚室内的花期较长，一般都在1个星期以上，可以分几次授粉。授粉应选择在大棚通风后花上无小水珠的情况下进行，这样可以防止授粉器受潮，提高人工授粉的效果。若采用液体授粉技术，于9:00以后即可进行。

棚内人工授粉后果实迅速膨大

7. 落花期管理

这一时期的管理是保护地促成栽培独有的，因为在露地栽培中通风条件好，花瓣能自然落下。在南方塑料大棚栽培条件下，棚内空气湿度大，风力弱，花瓣不易脱落，花期一般比露地栽培长5天以上。此外，脱落的花瓣容易黏附在子房和幼叶上，极易造成幼果畸形和叶片腐烂，花丝、花瓣等不落还会引发果锈。坐果后的操作：及时摇动树枝，将幼果上的花瓣及落在树叶上的花瓣摇落，可减少灰霉病的发生，防止因花瓣长时间落在幼叶上而引起叶片局部坏死。幼果上不易脱落的花瓣应人工摘除，保持果面清洁。棚内因湿度高，新梢易徒长，应及时进行抹芽与摘芯，保证枝叶有充足的光照。

梨【全程标准化操作手册】

及时摇落花瓣

花瓣落在果实上引起果实病害与果锈

花瓣落在叶片上未及时清除

花瓣落在叶片上引起叶片腐烂

花萼未脱落引起果锈及腐烂

8. 果实采收

适时采收是保护地栽培的重要措施,适当提早采收有利于更好地发挥设施的作用。在无袋栽培的情况下,可根据果实底色的变化分批采摘。若进行套袋栽培,则必须遵循果实由大到小、位置由外到内和由高到低的原则分批采摘。

其他管理与露地栽培相同。

（八）采收技术

1. 采收时间

果实应在适宜的成熟度时采收，以保证果实的品质和贮运性。绿皮品种在果皮呈现浅绿色或黄绿色、果肉由硬变脆、汁液增多时采收。黄褐色果实在果皮颜色变浅、果肉由硬变脆、汁液增多时采收。

2. 采收方法

避免在雨天与高温时采收，否则不利于果实贮运。未套袋的果实可根据果实成熟度的判断标准分批采收。套袋果实由于成熟度判断困难，可从树冠外围到内膛，从上到下根据需要分2～3批采收。采收的果实宜进行分等、分级销售。

采收

(九) 鲜果分等级

鲜果分等级

项目指标	优等品	一等品	二等品
基本要求	果实完整良好，无伤痕；新鲜洁净，无异味或非正常风味；无病虫害果		
果形	端正	正常	无偏缺、过大、畸形果
色泽	具应有均匀一致的色泽	具应有色泽	允许果实间有较大的色泽差
果梗	完整或剪除	完整或剪除	允许果梗轻微损伤
碰压伤	不允许	不允许	≤0.5 厘米²，伤处不得变褐
磨伤	不允许	不允许	≤1 厘米²
水锈、药斑	≤1/20 果面	≤1/10 果面	≤1/5 果面
雹伤	不允许	不允许	允许轻微 2 处，≤1 厘米²

五、肥料使用建议

项目	要求(每亩用量)	
幼龄树	4～8 月以速效氮肥为主,薄肥勤施	
成年树	氮(N):磷(P₂O₅):钾(K₂O)=1:0.4:0.9	
	基肥	腐熟有机肥 2000 千克或商品有机肥 800 千克
	壮果肥	5 月第一次施中氮高钾复合肥,如施 N:P₂O₅:K₂O 为 15:5:20 的配方肥 20 千克左右
		6 月第二次施上述配方肥 30 千克左右
	采后肥	高氮中钾复合肥,如施 N:P₂O₅:K₂O 为 22:8:10 的配方肥 25 千克左右
施肥方法	基肥:以有机肥为主,条施或撒施后覆土。 追肥:采用环状沟施或条沟施。 叶面肥:果实发育期叶面喷施 0.2%～0.3% 的磷酸二氢钾等,施用量以叶片正、反两面湿润为宜	

注:梨树适宜的施肥深度为 40～50 厘米以上部位。

六、病虫害防治技术

(一) 防治原则

坚持"预防为主、综合防治"的方针，合理选用农业防治、物理防治和生物防治的方法，根据病虫害发生的经济阈值，适时开展化学防治。提倡使用诱虫灯、粘虫板等措施，人工繁殖、释放病虫害的天敌。优先使用生物源和矿物源等高效、低毒、低残留农药，并按GB/T 8321(所有部分)的要求执行，严格控制安全间隔期、施药量和施药次数。

(二) 绿色防控技术

1. 挂杀虫灯

杀虫灯

梨〔全程标准化操作手册〕

每30亩挂1只频振式杀虫灯,一般悬挂在树体高度的2/3处(1.8～2.4米),5月中旬至9月上旬开灯。

2. 挂黄板

园内离地1.5米左右挂黄板,每亩挂20块,每块黄板的面积为20厘米×30厘米。

黄板

3. 挂性诱剂

性诱剂诱集器

离地1.5米处挂梨小食心虫性诱剂诱集器，每亩挂3~5个。每30天换一次诱芯。

4. 架设防虫网

防虫网直接覆盖在棚架上，四周用泥土和砖块压实，棚管（架）间用卡槽扣紧，大棚正门周围不卡紧，便于人员进出。

防虫网

（三）主要病、虫、鸟害和生理性症状的诊断与防治

1. 梨褐斑病

为害症状　梨褐斑病仅为害叶片，最初在叶片上发生圆形或近圆形的褐色病斑，以后逐渐扩大。发病严重的叶片病斑数多，呈不规则形的褐色斑块，病斑初期为褐色，后期中间褪呈灰白色，病斑上密生黑色小点。

梨褐斑病为害叶片的症状

防治方法

（1）清园，冬季扫除落叶，集中烧毁。

（2）加强梨园管理，增施有机肥，提高抗病力。雨后注意及时排水，降低梨园湿度。

（3）结合黑星病、梨轮纹病防治进行喷药处理。参照使用的药剂有40%氟硅唑乳油。

2. 梨黑斑病

为害症状　叶片染病后中央呈灰白色，边缘呈黑褐色。幼果受害时形成黑斑，略凹陷，表面生黑霉，后期龟裂、脱落。叶柄及新梢的病斑呈淡褐色，病斑凹陷明显，病健部分界处常产生裂缝，有时呈疮痂状。

防治方法

（1）秋、冬季清除落叶、落果，集中烧毁或深埋，并喷3～5波美度石硫合剂,铲除越冬菌源。

（2）增施有机肥,排除果园积水,降低湿度,增强通风、透光能力。发病严重的梨园,冬季修剪宜重。

（3）发病后及时摘除病果。

（4）化学防治:4月下旬至7月上旬视病情,结合黑星病、梨轮纹病防治进行喷药处理。参照使用的药剂有40%氟硅唑乳油,或3%多抗霉素可湿性粉剂,或50%多抗·喹啉酮可湿性粉剂等。

幼果期黑斑病症状

已被药剂控制后的病斑

3. 梨锈病

梨锈病为害后叶片正面的症状（前期）

梨锈病为害后叶片正面的症状（中后期）

梨锈病为害后叶片背面的症状

梨锈病为害果实的症状

梨【全程标准化操作手册】

为害症状 叶面产生橙黄色小点,有黄绿色晕环,背面隆起,正面微凹陷,有10余条黄色毛状物。

防治方法

(1)彻底砍除距离梨园5000米以内的桧柏类树木,若不宜砍除时,可在梨树发芽前喷药处理,如喷3~5波美度石硫合剂等。

(2)秋天落叶后,结合冬季修剪剪掉树上的僵果和病枝,并及时打扫落叶、落果和树枝,集中烧毁。

(3)秋、冬季深翻土壤,清除杂草。

(4)化学防治:喷药时间应在梨树萌芽至展叶后25天内为宜,每隔10天喷药一次,连喷3次。参照使用的药剂有40%氟硅唑乳油,或15%三唑酮可湿性粉剂,或12.5%烯唑醇可湿性粉剂,或10%苯醚甲环唑水分散粒剂。

4. 梨轮纹病

为害症状 果实病斑呈淡褐色至红褐色,不凹陷,呈软腐状,并有轮纹和黑色小粒点。果实常发出酸臭气味,并有茶褐色汁液流出。叶片发病时形成褐色病斑,后出现轮纹,病部变灰白色,并产生黑色粒点。枝干形成红褐色至暗褐色病斑,呈瘤状隆起,质地坚硬,多数边缘开裂,呈一环状沟,后期翘起如"马鞍"状,表面有黑色小粒点。

梨轮纹病为害果实的症状

梨轮纹病为害叶片的症状

梨轮纹病为害枝干的症状

防治方法

（1）秋、冬季彻底清除落叶、落果，剪除病梢，刮除枝干老皮、病斑，用50倍402抗菌素或3～5波美度石硫合剂消毒伤口。

（2）增施有机肥。

（3）合理修剪，使梨树具有良好的通风、透光条件。

（4）果实套袋，保护果实。

（5）化学防治：在芽萌动前喷3～5波美度石硫合剂进行保护。在4月下旬至5月上旬、6月中下旬、7月中旬至8月上旬，每间隔10～15天喷一次杀菌剂。参照使用的药剂有10%苯醚甲环唑水分散粒剂或61%乙铝·锰锌可湿性粉剂。

5. 梨茎蜂

梨茎蜂成虫

为害症状 新梢顶端被成虫产卵器锯断后仅剩皮层与枝相连,之后萎蔫下垂,不久干枯脱落,形成枝橛。成虫在断梢以下约1厘米处产卵,外留明显小黑点。幼虫在被害梢内蛀食。

梨茎蜂为害嫩梢

防治方法

（1）冬季结合修剪剪去被害枝。不能剪除的被害枝可用铁丝戳入被害的老枝内，杀死幼虫或蛹。4月下旬在成虫为害新梢末期剪除被害梢，并集中烧毁，一般在断口下3～4厘米处剪除。

（2）在早春梨树新梢抽发时，于早晚或阴天人工捕捉成虫。

（3）化学防治：3月下旬在梨茎蜂成虫羽化期喷第一次药，4月上旬在梨茎蜂为害高峰期前喷第二次药。参照使用的药剂有10%氯菊酯乳油。

6. 梨小食心虫

为害症状 幼虫从梢端叶片基部蛀入，蛀孔处流出胶液，受害部中空，先端凋萎下垂后干枯。果实受害处有小孔，易受病菌感染并腐烂变黑，有时可见少量虫粪。

梨小食心虫为害前期果

梨小食心虫为害后期果

防治方法

（1）建园时，尽量避免梨树与桃树、李树等混栽。

（2）越冬幼虫脱果前，在主枝、主干上捆绑草束或破麻袋片等，诱杀越冬幼虫。

（3）在冬季或早春刮掉树上老皮，集中烧毁。

（4）在5～6月连续剪除虫梢，并及早摘除虫果、捡净落果。

（5）梨园内挂黑光灯、糖醋罐或性诱剂诱集器诱杀成虫。

（6）从1～2代卵发生初期开始，释放松毛虫赤眼蜂。

（7）化学防治：4月中旬至5月中旬当卵果率达到

0.3%～0.5%并有个别幼虫蛀果时喷药。中、晚熟品种在6月还需防治一次。参照使用的药剂有10%氯菊酯乳油，或1.8%阿维菌素乳油，或25克/升溴氰菊酯乳油，或25克/升高效氯氰菊酯乳油。

7. 梨木虱

为害症状　叶片受害形成褐色枯斑，严重时全叶变褐。若虫分泌大量黏液，诱发煤污病。新梢被害后发育不良。果实受害后果面呈烟污状。

梨木虱为害叶片的症状

防治方法

（1）在早春结合刮树皮，清除园内落叶、病枝，带出园外烧毁。

（2）化学防治：在3月中旬越冬成虫出蛰盛期和梨落花95％左右（第一代若虫孵化）时喷药防治。参照使用的药剂有10%吡虫啉可湿性粉剂，或1.8%阿维菌素乳油，或5%氯氰菊酯乳油。如果梨木虱已钻入黏液中为害，可用草木灰浸出液喷施，经过3～4小时待分泌物溶解后再喷药，可提高防治效果。

8. 梨瘿蚊

梨瘿蚊1～2龄幼虫

梨瘿蚊老熟幼虫

为害症状 幼虫为害梨树幼嫩叶片，受害叶纵向向内卷曲。1～2龄幼虫无色透明，随着虫龄增加，由乳白色渐变为橘红色。

梨瘿蚊为害叶片初期症状

防治方法

（1）越冬代成虫羽化前一周或在一、二代老熟幼虫脱叶高峰期用40%辛硫磷乳油1000倍液进行地面防治。

（2）在生长期，用内吸强渗透杀虫剂和胃毒杀虫剂复配进行防治。参照使用的药剂有1.8%阿维菌素4000倍液或40%速扑杀1000倍液。

9. 康氏粉蚧

康氏粉蚧又称梨粉蚧、桑粉蚧。

为害症状　康氏粉蚧以若虫和雌虫成虫吸食嫩芽、嫩叶、果实、枝干的汁液。其入袋为害时，群居在萼洼处并分泌白色絮状蜡粉，污染果面，可造成局部组织坏死，使局部组织出现黑点或黑斑，甚至腐烂。

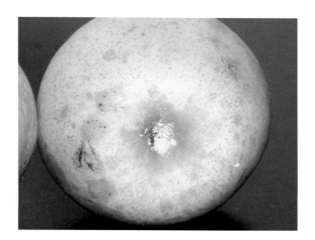

康氏粉蚧为害果实

防治方法

（1）清园及刮树皮,消灭越冬卵虫源。

（2）喷5波美度石硫合剂。

（3）套袋前用10%吡虫啉4000～5000倍液进行喷雾。

10. 刺蛾

刺蛾是一类杂食性害虫,属鳞翅目、刺蛾科。刺蛾种类较多,常见的有黄刺蛾、扁刺蛾、中国绿刺蛾、褐边绿刺蛾、双齿绿刺蛾等。

为害症状　幼虫蚕食叶片,残留叶脉,被害叶呈网状,严重时全叶可被食尽,仅留叶柄和主脉,全树叶片残留无几,秋季为害可能引起梨树二次开花,影响来年产量。幼虫身上有毒毛,触及人体常引起红肿、痛痒,甚至引起发热症状。

刺蛾幼虫蚕食叶片

防治方法

（1）秋、冬季摘除或挖除虫茧。

（2）幼虫发生期选用1.8%阿维菌素乳油3000～6000倍液或25克/升高效氯氰菊酯乳油3000～5000倍液防治。

11. 茶翅蝽

茶翅蝽属半翅目、蝽科，又名茶翅蝽象、臭大姐，为害梨、苹果、山楂、桃等多种果树，是杂食性害虫。成虫扁平，呈不规则圆形，有黄褐色、灰褐色、茶褐色等多种颜色。茶翅蝽一年发生2代。

为害症状　茶翅蝽主要为害果实与叶片。成虫和若虫刺吸梨果实，果实被害部木栓化，果皮上有一个小硬块，为害严重时果面凹凸不平，形成疙瘩状。为害症状的主要特点是果面虫斑点较小果实内部却有大面积的组织坏死。

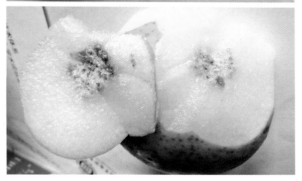

受茶翅蝽为害的果实

防治方法 若虫、成虫期喷菊酯类农药防治。可用25克/升高效氯氰菊酯乳油3000～5000倍液防治。

12. 梨网蝽

梨网蝽又名军配虫,前胸背面及前翅均布满网状花纹。

为害症状 以成虫、若虫群集在叶背面吸食汁液为害,被害叶呈苍白色斑,叶背有虫粪及分泌物,呈黄褐色锈斑。严重时引起落叶。

若虫、成虫主要在叶背上

受害叶片正面的颜色呈苍白色斑

防治方法 在4月下旬至5月上旬越冬成虫出蛰高峰期、5月下旬至6月上旬第一代若虫孵化高峰期及秋季果实采后用25克/升高效氯氰菊酯乳油3000～5000倍液防治。

13. 鸟害

鸟类对梨园的危害已成为一个重大问题,以往的果实套袋和挂反光镜等措施已没有效果。若要彻底解决鸟害问题,则只能设置保护网。利用不同规格的保护网将果园罩盖起来即可,摘后可撤去保护网。有的可不去网多年连续使用。该方法是防治鸟害最好的方法,但缺点是投资较大。

受鸟危害后的果实

14. 除草剂为害

　　梨园若使用草甘膦（除草剂）不慎，将草甘膦喷到梨树叶片或枝梢上，则不仅使当年枝叶出现药害，而且影响次年枝叶生长，需特别注意。

受除草剂危害后次年叶片变小、变硬

15. 缺铁症

症状 缺铁症的主要症状是黄叶,黄叶多从新梢顶部嫩叶开始。初期叶肉失绿变黄,叶脉两侧保持绿色,叶片呈绿网纹状,较正常叶小。后期全叶呈黄白色,边缘产生褐色焦枯斑。

缺铁新梢叶片黄化

预防方法

(1)春季对园地土壤灌水洗盐,并及时排出盐水,控制盐分上升。

(2)控制磷肥及石灰质肥料用量,增施有机肥和绿肥,改良土壤结构,增加有机质。

(3)树体补铁。对发病重的梨园,于发芽后喷施0.5%硫酸亚铁,隔7～10天喷一次,连喷2～3次。注意将药液配成酸性,以利于树体吸收。

16. 日灼病

叶片的日灼症状

果实的日灼症状

症状 叶片与果实均会发生日灼病,叶片日灼病主要发生在5～6月高温期及梅雨后的高温期,果实日灼病主要发生在梅雨后的高温期。果实上受阳光直射的一面先形成黄白色斑块,再变为褐色斑块,多发生在炎热的夏季和叶片稀少的树冠外围,主要是由强光、高温灼伤引起的。

预防方法 品种间有较大差异,可通过增强树势、保留足够多的叶片护果。

（四）梨园禁止使用的农药

梨园禁止使用的农药有六六六、滴滴涕、毒杀芬、二溴氯丙烷、杀虫脒、二溴乙烷、除草醚、艾氏剂、狄氏剂、汞制剂、砷类、铅类、敌枯双、氟乙酰胺、甘氟、毒鼠强、氟乙酸钠、毒鼠硅、甲胺磷、甲基对硫磷、对硫磷、久效磷、磷胺、甲拌磷、甲基异柳磷、特丁硫磷、甲基硫环磷、治螟磷、内吸磷、克百威、涕灭威、灭线磷、硫环磷、蝇毒磷、地虫硫磷、氯唑磷、苯线磷、磷化钙、磷化镁、磷化锌、硫线磷、氟虫腈等，以及国家规定禁止使用的其他农药。

附　录

（一）　参照使用的农药及安全间隔期

农药名称	防治对象	制剂、用药量（以标签为准）	每年最多使用次数	安全间隔期/天
石硫合剂	越冬病虫	3～5 波美度	3	30
氟硅唑	梨褐斑病、梨黑斑病等	40% 乳油 8000～10000 倍液	2	21
三唑酮	梨锈病、白粉病、黑星病	15% 可湿性粉剂 1000～1500 倍液	2	21
烯唑醇	梨锈病、白粉病、黑星病	12.5% 可湿性粉剂 3000～4000 倍液	3	21
苯醚甲环唑	梨轮纹病、梨锈病、炭疽病	10% 水分散粒剂 6000～7000 倍液	3	14
腈菌唑	黑星病	40% 可湿性粉剂 8000～10000 倍液	3	7
戊唑醇	黑星病	430 克/升悬浮剂 3000～4000 倍液	4	21
氟菌唑	黑星病	30% 可湿性粉剂 3000～4000 倍液	2	7
代森锰锌	黑星病	80% 可湿性粉剂 500～1000 倍液	3	10
多·福	黑星病	50% 可湿性粉剂 333～500 倍液	3	28

梨【全程标准化操作手册】

农药名称	防治对象	制剂、用药量（以标签为准）	每年最多使用次数	安全间隔期/天
甲基硫菌灵	黑星病	70%可湿性粉剂1600～2000倍液	2	14
乙铝·锰锌	黑星病、梨轮纹病	61%可湿性粉剂500～700倍液	5	15
多抗霉素	梨黑斑病、灰斑病	3%可湿性粉剂150～600倍液	3	7
多抗·喹啉酮	梨黑斑病、梨轮纹病	50%可湿性粉剂3000～4000倍液	2	15
多菌灵	梨褐斑病、根腐病等	25%可湿性粉剂2500～5000倍液	3	28
矿物油	红蜘蛛、介壳虫、蚜虫	97%乳油100～150倍液	—	—
阿维菌素	梨木虱、螨类、蚜虫等	1.8%乳油3000～6000倍液	3	14
氯菊酯	潜叶蛾、食心虫、蚜虫	10%乳油1660～3350倍液	2	3
溴氰菊酯	梨小食心虫	25克/升乳油2500～5000倍液	3	5
高效氯氰菊酯	梨小食心虫	25克/升乳油3000～5000倍液	3	21
氯氰菊酯	梨木虱	5%乳油1000～1500倍液	3	21
辛硫磷	螨类、衰蛾等	40%乳油1000～2000倍液	4	7
吡虫啉	梨木虱、黄粉蚜等	10%可湿性粉剂4000～5000倍液	2	14

（二） 质量安全指标及限量要求

序号	名称	限量 /（毫克 / 千克）	类别（名称）
1	2,4-滴和 2,4-滴钠盐	0.01	仁果类水果
2	阿维菌素	0.02	梨
3	百草枯	0.01	仁果类水果
4	百菌清	1	梨
5	保棉磷	2	梨
6	倍硫磷	0.05	仁果类水果
7	苯丁锡	5	梨
8	苯氟磺胺	5	梨
9	苯菌灵	3	梨
10	苯醚甲环唑	0.5	梨
11	吡虫啉	0.5	梨
12	苯线磷	0.02	仁果类水果
13	丙森锌	5	梨
14	草甘膦	0.1	仁果类水果
15	虫酰肼	1	仁果类水果
16	除虫脲	1	梨
17	代森联	5	仁果类水果

序号	名称	限量 /（毫克 / 千克）	类别（名称）
18	代森锰锌	5	梨
19	单甲脒和单甲脒盐酸盐	0.5	梨
20	敌百虫	0.2	仁果类水果
21	敌敌畏	0.2	仁果类水果
22	地虫硫磷	0.01	仁果类水果
23	啶虫脒	2	仁果类水果
24	毒死蜱	1	梨
25	对硫磷	0.01	仁果类水果
26	多果定	5	仁果类水果
27	多菌灵	3	梨
28	噁唑菌酮	0.2	梨
29	二苯胺	5	梨
30	二嗪磷	0.3	仁果类水果
31	二氰蒽醌	2	梨
32	伏杀硫磷	2	仁果类水果
33	氟苯脲	1	仁果类水果
34	氟吡禾灵	0.02	仁果类水果
35	氟虫脲	1	梨

序号	名称	限量 / （毫克 / 千克）	类别（名称）
36	氟硅唑	0.2	梨
37	氟氯氰菊酯和高效氟氯氰菊酯	0.1	梨
38	氟氰戊菊酯	0.5	梨
39	氟酰脲	3	仁果类水果
40	己唑醇	0.5	梨
41	甲氨基阿维菌素苯甲酸盐	0.02	梨
42	甲胺磷	0.05	仁果类水果
43	甲拌磷	0.01	仁果类水果
44	甲苯氟磺胺	5	仁果类水果
45	甲基对硫磷	0.02	仁果类水果
46	甲基硫环磷	0.03	仁果类水果
47	甲基异柳磷	0.01	仁果类水果
48	甲氰菊酯	5	仁果类水果
49	甲霜灵和精甲霜灵	1	仁果类水果
50	腈苯唑	0.1	仁果类水果
51	腈菌唑	0.5	梨
52	久效磷	0.03	仁果类水果

梨【全程标准化操作手册】

序号	名称	限量 /（毫克 / 千克）	类别（名称）
53	抗蚜威	1	仁果类水果
54	克百威	0.02	仁果类水果
55	克菌丹	15	梨
56	乐果	1	梨
57	联苯肼酯	0.7	仁果类水果
58	联苯菊酯	0.5	梨
59	联苯三唑醇	2	仁果类水果
60	磷胺	0.05	仁果类水果
61	邻苯基苯酚	20	梨
62	硫丹	1	梨
63	硫环磷	0.03	仁果类水果
64	螺虫乙酯	0.7	仁果类水果
65	氯苯嘧啶醇	0.3	梨
66	氯虫苯甲酰胺	0.4	仁果类水果
67	氯氟氰菊酯和高效氯氟氰菊酯	0.2	梨
68	氯菊酯	2	仁果类水果
69	氯氰菊酯和高效氯氰菊酯	2	梨

序号	名称	限量 /（毫克 / 千克）	类别（名称）
70	氯唑磷	0.01	仁果类水果
71	马拉硫磷	2	梨
72	醚菊酯	0.6	梨
73	醚菌酯	0.2	仁果类水果
74	嘧菌环胺	1	梨
75	嘧霉胺	1	梨
76	灭线磷	0.02	仁果类水果
77	内吸磷	0.02	仁果类水果

梨【全程标准化操作手册】

(三) 主要农药剂型名称及代码

剂型名称	代码	说明
棒剂	PR	可直接使用的棒状制剂
笔剂	CA	有效成分与石膏粉及助剂混合或浸渍吸附药液,制成可直接涂抹使用的笔状制剂(其外观形状必须与粉笔有显著差别)
超低容量微囊悬浮剂	SU	直接在超低容量器械上使用的微囊悬浮液制剂
超低容量液剂	UL	直接在超低容量器械上使用的均相液体制剂
大粒剂	GG	粒径范围在 2000～6000 微米之间的颗粒剂
饵剂	RB	为引诱靶标害物(害虫和鼠等)取食或行为控制的制剂
粉剂	DP	适用于喷粉的自由流动的均匀粉状制剂
缓释剂	BR	控制有效成分从介质中缓慢释放的制剂
颗粒剂	GR	有效成分均匀吸附或分散在颗粒中、附着在颗粒表面,具有一定粒径范围可直接使用的自由流动的粒状制剂
可分散液剂	DC	有效成分溶于水溶性的溶剂中,形成胶体液的制剂
可溶粉剂	SP	有效成分能溶于水中形成真溶液,可含有一定量的非水溶性惰性物质的粉状制剂

剂型名称	代码	说明
可溶粒剂	SG	有效成分能溶于水中形成真溶液,可含有一定量的非水溶性惰性物质的粒状制剂
可溶液剂	SL	用水稀释后,有效成分形成真溶液的均相液体制剂
可湿性粉剂	WP	可分散于水中形成稳定悬浮液的粉状制剂
块剂	BF	可直接使用的块状制剂
母药	TK	在制造过程中得到有效成分及杂质组成的最终产品,也可能含有少量必需的添加物和稀释剂,仅用于配制各种制剂
泡腾片剂	EB	投入水中能迅速产生气泡并崩解、分散的片状制剂,可直接使用或用常规喷雾器械喷施
片剂	DT 或 TB	可直接使用的片状制剂
气雾剂	AE	将药液密封盛装在有阀门的容器内,在抛射剂作用下一次或多次喷出微小液珠或雾滴,可直接使用的罐装制剂
球剂	PT	可直接使用的球状制剂
驱避剂	RE	阻止害虫、害鸟、害兽侵袭人、畜或植物的制剂
水剂	AS	有效成分及助剂的水溶液制剂

梨[全程标准化操作手册]

图说
[种植业标准化丛书]

剂型名称	代码	说明
水乳剂	EW	有效成分溶于有机溶剂中,并以微小的液珠分散在连续相水中,成非均相乳状液制剂
微粒剂	MG	粒径范围为 100～600 微米的颗粒剂
微囊悬浮剂	CS	微胶囊稳定的悬浮剂,用水稀释后成悬浮液使用
微乳剂	ME	透明或半透明的均一液体,用水稀释后成微乳状液体的制剂
细粒剂	FG	粒径范围为 300～2500 微米的颗粒剂
悬浮剂	SC	非水溶性的固体有效成分与相关助剂,在水中形成高分散度的黏稠悬浮液制剂,用水稀释后使用
悬浮种衣剂	FSC	含有成膜剂,以水为介质直接或稀释后用于种子包衣的稳定悬浮液种子处理制剂(95%粒径 ≤ 2 微米,98%粒径 ≤ 4 微米)
熏蒸剂	VP	含有 1 种或 2 种以上易挥发的有效成分,以气态(蒸汽)释放到空气中,挥发速度可通过选择适宜的助剂或施药器械加以控制
烟棒	FR	棒状烟剂
烟剂	FU	可点燃发烟而释放有效成分的固体制剂
烟片	FT	片状烟剂
烟球	FW	球状烟剂

剂型名称	代码	说明
烟雾剂	FO	有效成分遇热迅速产生烟和雾(固态和液态粒子的烟雾混合体)的制剂
油分散粉剂	OP	用有机溶剂或油分散使用的粉状制剂
油剂	OL	用有机溶剂或油稀释后使用的均一液体制剂
油乳剂	EW	有效成分溶于水中,并以微小水珠分散在油相中,成非均相乳状液制剂
油悬浮剂	OF	有效成分分散在非水介质中,形成稳定、分散的油混悬浮液制剂,用有机溶剂或油稀释后使用
诱芯	AW	与诱集器配套使用的引诱害虫的行为控制制剂
原药	TC	在制造过程中得到有效成分及杂质组成的最终产品,不能含有可见的外来物质和任何添加物,必要时可加入少量的稳定剂
种子处理悬浮剂	FS	直接或稀释后用于种子处理的稳定悬浮液制剂
种子处理可分散粉剂	WS	用水分散成高浓度浆状物的种子处理粉状制剂
种子处理可溶粉剂	SS	用水溶解后用于种子处理的粉状制剂

梨[全程标准化操作手册]

主要参考文献

[1] GB 2762—2014　食品安全国家标准　食品中污染物限量[S].

[2] GB 2763—2014　食品安全国家标准　食品中农药最大残留限量[S].

[3] GB/T 8321(所有部分)　农药合理使用准则[S].

[4] GB/T 10650—2008　鲜梨[S].

[5] GB/T 19378—2003　农药剂型名称及代码[S].

[6] NY/T 442—2001　梨生产技术规程[S].

[7] NY/T 496—2010　肥料合理使用准则　通则[S].

[8] NY 5013—2006　无公害食品　林果类产品产地环境条件[S].

[9] NY 5102—2002　无公害食品　梨生产技术规程[S].

[10] DB 33/T 913—2014　梨栽培技术规范[S].